NOTE

SUR LES ÉLATINÉES,

NOUVELLE FAMILLE DE PLANTES,

PAR J. CAMBESSEDES.

———

ON sait que lors de la publication du *Genera Plantarum*, les genres *Elatine* et *Bergia* furent rapportés aux Caryophyllées. Depuis cette époque, M. de Jussieu, éclairé par l'excellente analyse de l'*Elatine Alsinastrum* publiée par Gærtner, émit des doutes sur la place qu'ils devoient occuper (1) dans la série des ordres naturels.

Ces doutes ont été depuis confirmés par tous les auteurs qui se sont occupés des Caryophyllées (2), sans qu'aucun d'eux ait fixé la place que devoient occuper ces genres.

Tel étoit l'état de la question, lorsque je fus conduit, par mes travaux relatifs à la Flore du Brésil, à analyser une plante recueillie dans cette contrée par M. Auguste de Saint-Hilaire, et que, dans un arrangement provisoire de son herbier, j'avois classée, d'après son *habitus*, parmi les *Arenaria*. Je ne tardai pas à m'apercevoir qu'elle différoit de ce dernier genre

---

(1) Ann. Mus. 10, p. 388.

(2) Aug. de S.-Hil. *Mém. Mus.* 2, p. 116. — Bartling, *Beitrag zur Botanik.* — De Candolle, *Prodr.* 1, p. 390.

et de toutes les vraies Caryophyllées , par son embryon
droit dépourvu de périsperme. Ce caractère m'engagea à la
rapprocher de l'*Elatine* et du *Bergia*, et j'acquis bientôt la
certitude de leurs rapports intimes. Je vis de plus que ces
deux genres formoient avec la plante brésilienne un petit
groupe parfaitement distinct des Caryophyllées; et je crois
être fondé aujourd'hui à les distinguer, comme famille, sous
le nom d'Elatinées, emprunté au genre le plus anciennement
établi, et dont les espèces sont les plus nombreuses. Je vais
passer en revue les caractères de cette nouvelle famille, en les
comparant à ceux des Caryophyllées.

Les Elatinées sont des petites plantes annuelles, qui végètent
dans les lieux marécageux. Leurs tiges fistuleuses poussent
souvent de leurs nœuds des petites radicelles. Les feuilles,
dénuées de stipules, sont opposées comme celles des Caryophyllées, ou paroissent souvent verticellées par l'avortement
de l'axe central des jeunes rameaux axillaires. Le calice
est composé de trois à cinq folioles, libres ou légèrement
soudées à leur base. Les pétales, en nombre égal aux seg-
mens du calice, sont insérés sur le réceptacle. Les étamines
prennent naissance entre les pétales et l'ovaire; généralement
en nombre double des pétales, la moitié d'entre elles leur
est opposée, l'autre alterne avec eux. L'ovaire renferme trois
ou cinq loges. Les styles, en nombre égal aux loges de l'o-
vaire, sont terminés par des stigmates en tête (1). Jusqu'ici
cette organisation ne diffère de celle des Caryophyllées que

______

(1) Cette organisation des styles a déja été signalée, pour l'*E. Alsinastrum*, par
M. Aug. de Saint-Hilaire (*Mém. Mus.*, 2, p. 116).

par l'organisation des stigmates, qui, comme l'on sait, sont toujours latéraux dans les plantes de cette famille, et placés sur la face interne des styles. L'analyse du fruit va bientôt nous offrir de nouveaux caractères distinctifs. La capsule des Caryophyllées est, le plus souvent, uniloculaire, mais dans les espèces où elle présente des loges plus ou moins complètes, il est facile de s'assurer que les cloisons sont opposées aux valves : cette organisation se montre d'une manière tout-à-fait évidente dans les *Mollugo* et dans le *Lychnis viscosa;* dans nos Elatinées, au contraire, les valves sont alternes avec les cloisons. On sait que les graines des Caryophyllées présentent toutes, à l'exception d'un petit nombre d'espèces signalées par M. de Saint-Hilaire (1), un embryon plus ou moins recourbé, entourant un périsperme farineux ; celles des Elatinées sont, comme nous l'avons vu plus haut, et comme Gærtner l'a très-bien figuré pour l'*Elatine Alsinastrum,* dépourvues de périsperme; l'embryon droit, ou légèrement courbé, est immédiatement recouvert par deux tégumens de consistance différente, mais qui ne présentent aucune trace de périsperme farineux.

Nos Elatinées diffèrent donc des Caryophyllées par l'organisation des stigmates, par celle de leurs capsules, et par leurs graines. Ces caractères nous paroissent suffisans pour établir une famille qui s'éloigne, selon nous, bien plus des Caryophyllées que les Paronychiées, les Portulacées, et plusieurs autres groupes de plantes à périsperme farineux (2).

---

(1) Mém. Mus. 12, p. 79.

(2) L'opinion de M. Bartling, qui réunit en une même classe les Chénopodées.

Les Elatinées ont aussi des rapports avec les Hypéricinées par leurs stigmates terminaux, par la déhiscence de leurs capsules, par la structure de leurs graines, peut-être même par la présence de sucs résineux de même nature dans leurs diverses parties; mais elles s'en distinguent par l'existence d'un véritable placenta central, par leurs étamines en nombre déterminé, etc.

Cette nouvelle famille comprend trois genres, dont les espèces, liées entre elles par un port tout-à-fait identique, végètent dans les lieux marécageux des quatre parties du monde : les *Elatine* se trouvent en Europe, les *Bergia* aux Indes orientales et an cap de Bonne-Espérance, notre genre nouveau en Amérique. Nous allons maintenant tracer en langue technique les caractères distinctifs de ces divers genres.

les Phytolacées, les Amaranthacées, les Paronychiées et les Caryophyllées, me paroît très-fondée, malgré l'insertion différente des parties de la fleur dans toutes ces familles. Je diffère cependant de son avis quant à l'établissement des groupes; il me semble qu'en admettant cette classe telle à peu près qu'il la propose, on pourroit laisser subsister presqu'en entier les anciennes divisions: ainsi ses Scléranthées ne me paroissent pas suffisamment distinctes des Paronychiées; les Spergulées, malgré la différence de l'insertion, sont plus voisines des Alsinées que des Paronychiées, etc.

ELATINE Linn., Juss., Gærtn.

Calyx 3-4-partitus. Petala 3-4, foliolis calycinis alterna, hypogyna. Stamina 6-8, rarissimè 3, hypogyna : filamenta libera : antheræ
dorso affixæ, 2-loculares longitudinaliter intùs dehiscentes. Pistillum liberum. Styli 3-4. Stigmata totidem, capitata. Ovarium 3-4-
loculare, loculis multiovulatis. Ovula angulo interno loculorum affixa. Capsula stylis persistentibus coronata, 3-4-valvis; valvæ septis
alternæ; columna centralis crassa, septifera; septa placentis alterna. Semina placentis centralibus affixa, cylindracea, parùm incurva, longitudinaliter costata lineisque transversalibus elevatis
notata : hilum ad basim seminis situm : raphe ab hilo ad apicem
seminis hilo contrarium ducta : integumentum duplex; exterius
chartaceum; interius subcarnosum : perispermum nullum : embryo parum incurvus, cylindraceus : radicula hilum spectans.

Herbæ. Caules radicantes. Folia opposita; juniora sæpè in axillis
vetulorum, rachi ramulorum lateralium abortivâ, subfasciculata.
Flores axillares, pedunculati vel sessiles, solitarii vel subfascicu-
lati.

Characteres in *E. hydropiper, hexandrá, Alsinastro.*

BERGIA Linn., Juss.

Calyx 5-partitus. Petala 5, foliolis calycinis alterna, hypogyna.
Stamina 10, hypogyna : filamenta libera : antheræ dorso affixæ, 2-lo-
culares, longitudinaliter intùs dehiscentes. Pistillum liberum. Styli
5. Stigmata totidem, capitata. Ovarium 5-loculare, loculis multiovulatis. Ovula angulo interno loculorum affixa. Capsula stylis persis-

tentibus coronata, 5-valvis; valvæ septis alternæ; columna centralis
crassa, septifera ; septa placentis alterna. Semina placentis centralibus affixa, cylindracea, parùm incurva, longitudinaliter costata
lineisque transversalibus elevatis notata : hilum ad basim seminis
situm : raphe ab hilo ad apicem seminis hilo contrarium ducta :
integumentum duplex; exterius chartaceum ; interius subcarnosum :
perispermum nullum : embryo parùm incurvus, cylindraceus : radicula hilum spectans.

Herbæ. Caules radicantes? Folia opposita ; juniora sæpè in axillis
vetulorum, rachi ramulorum lateralium abortivâ, subfasciculata.
Flores axillares, pedunculati vel sessiles, glomerati.

Genus vix ab *Elatine* distinctum, nisi numero partium floris
quinario.

Characteres in *B. verticillata*.

MERIMEA Nob.

Calyx 5-partitus. Petala 5, foliolis calycinis alterna, hypogyna.
Stamina 10, hypogyna : filamenta imâ basi coalita : antheræ dorso
affixæ, 2-loculares, longitudinaliter intùs dehiscentes. Pistillum liberum. Styli 5, imâ basi coaliti. Stigmata totidem, capitata. Ovarium 5-loculare, loculis multiovulatis. Ovula angulo interno loculorum affixa. Capsula stylis persistentibus coronata, 5-locularis, sep-
ticido-5-valvis, valvis marginibus introflexis dissepimenta consti-
tuentibus : columna centralis crassiuscula, ad imam basim septa
incompleta placentis alterna gerens. Semina placentæ centrali 5-lobæ
affixa, ellipsoïdeo-oblonga, recta, lævia : hilum ad basim seminis
situm : raphe ab hilo ad apicem seminis hilo contrarium ducta : integumentum duplex ; exterius chartaceum ; interius subcarnosum :
perispermum nullum : embryo rectus, cylindraceus : radicula hilum spectans.

Herbæ. Caules radicantes. Folia opposita ; juniora sæpè in axillis vetulorum , rachi ramulorum lateralium abortivà, subfasciculata. Flores axillares, solitarii, pedunculati.

Species unica *M. arenarioïdes* Nob.

Genus dicatum amicissimo Prospero Mérimée, cujus nomen in litteris nunc enitet; jam anteà in artibus notum patris laboribus, cujus chromaticæ tabulæ de botanicâ benè meruerunt.

A *Bergiâ* distinctum : habitu; capsulæ structurà; seminibus lævibus, nec costatis.

Paris, Imprimerie de A. BELIN, rue des Mathurins Saint-Jacques, n°. 14.